小刺猬的生日旅行

李硕 编著

浙江摄影出版社
全国百佳图书出版单位

这一天，是小刺猬的生日。

对着闪烁的烛光，它许下了一个生日愿望："我是哺乳动物，我想去世界各地旅行，寻找哺乳动物家族里的其他亲戚。"

“我的亲戚们都有谁？它们住在哪里呢？”

小刺猬的脑海里，冒出了一连串的问号。

这时，它见到了挨家挨户派送信件的邮递员小熊猫。

小刺猬好奇地问：“小熊猫，你能告诉我哺乳动物都住在哪里吗？”

小熊猫笑着说：“当然可以啦！老虎住在森林里，大象住在草原上，骆驼住在沙漠中，北极熊住在北极，水獭住在湖边，蝙蝠住在山洞里……”

得知了这些亲戚所在的位置，小刺猬满怀期待地出发了。

看，它乘坐着热气球，缓缓地飞向了天空！

从空中降落之后，小刺猬来到了茂密的森林里。

迎面而来的是威风的老虎，小刺猬鼓起勇气向老虎打招呼：“老虎伯伯，您好！今天是我的生日。您能带我参观一下森林吗？”

老虎点点头，背着小刺猬在森林里转悠，欣赏美丽的风景。

离开了森林，小刺猬来到了青青的草原上。

瞧，一头庞大的大象正在草原上散步呢！

“大象叔叔，您好！今天是我的生日。您能带我在草原上逛一逛吗？”小刺猬说。

大象点了点头，用长长的鼻子卷起小刺猬，带着它在草原上溜达。

离开了草原，小刺猬进入了炎热的沙漠。

一只骆驼走了过来，热情地说：“小刺猬，欢迎来到沙漠！”

“骆驼阿姨，这里又热又干旱，您是怎么生活的呢？”小刺猬流着汗问。

“我背上的驼峰里储存着脂肪，能够为我源源不断地提供能量，所以即便很长时间找不到食物也没关系！”骆驼笑着答。

离开了沙漠，小刺猬坐着热气球来到了寒冷的北极。

一头北极熊走了过来，高兴地说：“小刺猬，欢迎来到北极！”

“北极熊哥哥，这里天寒地冻的，你不怕冷吗？”小刺猬问。

“不怕。我浑身都是毛，有保暖的作用哦！”北极熊答。

离开了北极，小刺猬来到了清澈的湖边。

一只水獭浮出了水面，愉快地说：“小刺猬，欢迎你的到来！”

“水獭姐姐，你在干什么呀？”小刺猬问。

“我在捕鱼，给你展示一下我的本领吧！”水獭答。

离开了湖边，小刺猬来到了幽暗的山洞。

这里漆黑一片，蝙蝠却能自在地飞翔。

“蝙蝠弟弟，这么黑的环境，你不会撞到东西吗？”小刺猬问。

“不会。我能发出超声波，它能帮我避开障碍物！”蝙蝠答。

太阳快落山了，小刺猬乘坐着热气球，启程回家。
突然，一阵狂风刮来，热气球开始剧烈地晃动。
“啊！”一不小心，小刺猬从空中掉落下来。

“咚！”小刺猬正好掉到了一头鲸鱼的背上。

“你好呀！我是哺乳动物小刺猬。”小刺猬说。

“小刺猬，你好，我是鲸鱼。我也是哺乳动物家族中的一员哟！”鲸鱼说。

鲸鱼带着小刺猬，在广阔的海洋中尽情地遨游。
望着徐徐落下的太阳，小刺猬的脸上露出了灿烂的笑容。
“大海真的好美啊！”

鲸鱼顺着洋流游动，将小刺猬安全地送到了家。

“这真是一次精彩的生日旅行啊！”小刺猬感叹道。

责任编辑　瞿昌林
责任校对　高余朵
责任印制　汪立峰

项目策划　北视国
装帧设计　太阳雨工作室

图书在版编目（CIP）数据

小刺猬的生日旅行 / 李硕编著. -- 杭州 : 浙江摄影出版社, 2022.6
（神奇的动物朋友们）
ISBN 978-7-5514-3918-3

Ⅰ. ①小… Ⅱ. ①李… Ⅲ. ①动物－少儿读物 Ⅳ. ① Q95-49

中国版本图书馆 CIP 数据核字 (2022) 第 068968 号

XIAO CIWEI DE SHENGRI LÜXING

小刺猬的生日旅行

（神奇的动物朋友们）

李硕　编著

全国百佳图书出版单位
浙江摄影出版社出版发行
地址：杭州市体育场路 347 号
邮编：310006
电话：0571-85151082
网址：www.photo.zjcb.com
制版：北京市大观音堂鑫鑫国际图书音像有限公司
印刷：三河市天润建兴印务有限公司
开本：787mm×1092mm　1/12
印张：2.67
2022 年 6 月第 1 版　　2022 年 6 月第 1 次印刷
ISBN 978-7-5514-3918-3
定价：49.80 元